INVENTAIRE

S 27,983

I0074970

S

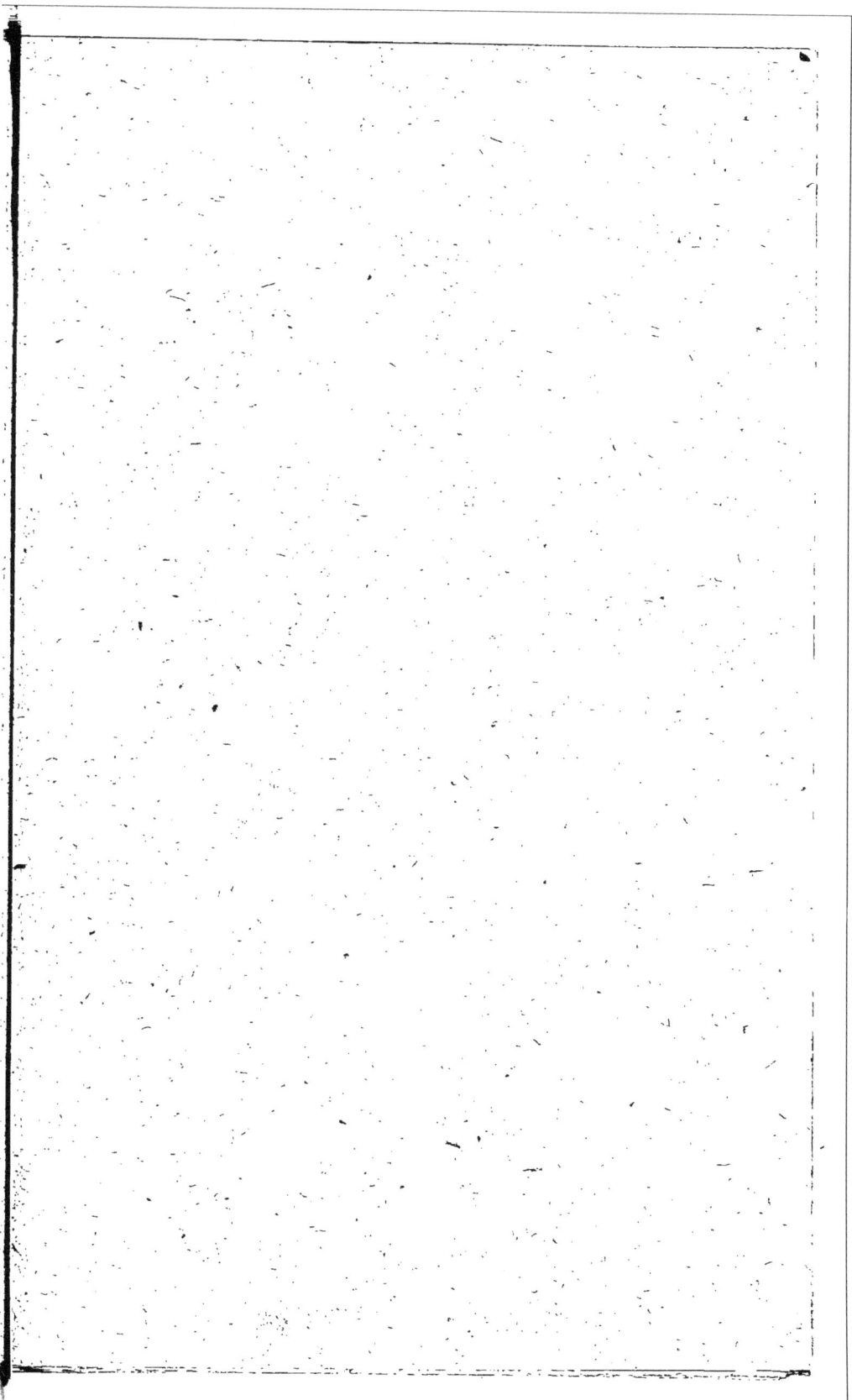

Voyez : Y. 481

S.

C.

27983

DES
MERVEILLES
DE LA MER.

Enuoyees n'agueres de Cypre en France.

A Monseigneur DE DAMPVILLE,
Admiral de France & de Bretaigne.

A PARIS,

Par FEDERIC MOREL, Imprimeur
ordinaire du Roy.

M. D. XCVI.

Auec Priuilege de sa Majesté.

A MONSEIGNEVR CHARLES
DE MONTMORENCY, SIEVR DE DAMPVILLE, Admiral de France & de Bretaigne.

DAMPVILLE *qui portez l'Ancre Neptunienne,*
Marque de vos Vertus, & sur Terre & sur Mer,
Au seruice du Roy, que vous monstrez aymer:
Cuillez ces fleurs de Mer, de l'isle Cyprienne.

Vostre illustre Maison est à la Mer semblable:
Elle a toutes vertus & honneurs amassez,
Comme on voit par la Mer tous biens estre entassez.
Et qui diroit vos los, ou de la Mer le sable?
F. MOREL. P.

LOVANGE DE LA MER

& de la nature de l'eau en general.

Traduict sur l'original Grec de Gregoire de Cypre,
Patriarche de Constantinoble, par FEDERIC
MOREL Interprete du Roy.

IL semble que ce ne soit rien
de mal-aysé, que d'admirer
les choses grandes & excel-
lētes, si l'on ne se proposoit
autre chose à faire, que ce-
la, sans dire mot. Car il suffiroit, apres
auoir senty & apperceu quoy que ce soit,
de tourner le sens en admiration. Mais
si quelcun entreprenoit de dire & con- des choses
ter quelque chose digne de ces merueil- admira-
les la, cela seroit le plus difficile de tout. bles.
Car la nature de ce que l'on admire oste
la force du discours : & d'autant plus que
ceux qui les rencontrent en sont eston-
nez, d'autant plus y a-il de difficulté à
trouuer & choisir des parolles pour en
discourir. Et partant ceux-la qui ozent
entamer le propos de ces choses-là, s'il

A ij

s'en faut beaucoup qu'ils ne les traictent
selon leur dignité, en obtiennent à bon
droit excuse de ceux-là principalement
qui sont doctes & entendus en telle ma-
tiere : d'autant qu'ils sçauent mieux que
les autres, qu'elle est la difficulté d'entreprendre tels discours, & comme il
est necessaire que les parolles que l'on y
employe, soient moindres que les choses. Ce qu'estant ainsi, ie suis aussi d'o-
pinion que celuy qui veult discourir de
la mer, n'en sçauroit parler assez suffisam-
ment. Car s'il y a chose au monde digne
d'estre admirée, c'est la mer, d'autant
que c'est l'vn des premiers elements. Celuy donc qui excusera volontiers ceux
qui se sont d'eux mesmes auancez de parler d'icelle, & qui prisera plus leur cou-
rage qu'il n'accusera leur hardiesse, n'en
sera pas estimé pour cela auoir fait chose moins iuste & raisonnable. Tant y a
que sçauoir clairement quel gråd & mer-
ueilleux cas c'est que la mer, & comme
elle est plus excellente que toutes autres
choses, il le faut ainsi considerer. Et premierement il conuient icy comparer les
grandes choses aux petites, & aller à la

(marginalia, left margin)
Excuse des doctes.

Merueille de la mer.

Recherche de la verité.

chaſſe de la verité, ſuiuant les vmbres des parolles.

Quand donc ceſt vniuers, lequel n'e-ſtoit rien du tout au-parauant, prit le commancement de ſon eſtre, tout auſſi toſt la Mer eut ſon origine, & apparut auec les premieres choſes du monde, & ſi obtint la premiere force & puiſſance. Car ainſi comme en toute choſe qui vièt à naiſtre il faut qu'il y ait quelque ma-tiere, & puis apres la generation ſe fait d'icelle : ainſi certes voyons nous la mer auoir eſté eſtablie quand & les premie-res choſes, pour eſtre l'element de celles qui deuoient eſtre apres, & comme le Principe de la compoſition. De maniere que ſi quelcun voyant la figure de l'vni-uers, venoit à l'admirer, il faudroit qu'il commençaſt à faire ſon admiration par la nature & proprieté des eaux. Et par-tant le grand ouurier du Monde ayant monſtré que la mer eſtoit treſancienne, luy a auſſi iuſtement departy le premier lieu de grandeur. Car elle eſt de ſi grand' eſtenduë, que meſme la terre ferme qui nous eſt cogneuë, ne ſuffit pas pour la contenir toute, ains eſt ſi grande & ſi

Origine de la mer.

Matiere.

L'eſtenduë de la mer.

A iiij

large audedãs mesme du destroiƈt de Gibraltar, que les yeux de ceux qui la regardent s'en esblouysſent, & ne la peuuent toute deſcouurir. De façon que peu s'en faut que la definition de l'infiny ne luy conuienne : encore qu'elle ſoit manifeſtement bornee & enuironnee de la terre tout a l'entour. Mais elle s'eſtend bien d'auantage au dela dudit deſtroit : tellement que l'on ne la peut comparer ny paragonner en aucune maniere, auec celle qui eſt de noſtre coſté : & pour ceſte cauſe il ne ſy fait aucunes nauigations, pour la hauteur infinie des eaux, & pour ce qu'on ne ſçait de quelle part y prendre terre. & n'y a homme qui puiſſe dire quelles bornes elle a, ſi tant eſt qu'elle ait aucunes limites. Si n'eſt-ce pas ſans grand' raiſon ny ſans vn grãd fruiƈt qu'elle s'eſt emparee d'vne telle grandeur : ains d'autant que la nature des eaux deuoit apparoiſtre non ſeulement la mere des autres choſes, mais encor leur nourriſſe : parce qu'elle ſert beaucoup au premier eſtat de la generation ; & à la conſeruation d'icelles, tant que la nature de chaſcune choſe le peut endurer. Or ſi la mer

Il eſtoit ainſi du temps de l'Auteur.

Cauſe de ſon amplitude.

eſt tant admirée pour ſa grandeur, elle
ne l'eſt pas moins auſſi pour ſa treſgran-
de & treſaccomplie beauté. laquelle con-
tente fort les yeux de ceux qui la regardent. Car la figure & face de la mer eſt
tresbelle, & telle que celle dont le ciel
fut orné apres qu'il euſt eſté fait. Par ce
que l'Ocean circuit toute la terre à len-
tour. comme au cas pareil toute l'eau
qui ſe peut nauiguer eſt preſſee & ſerree
de la terre, comme d'vn cercle. Qui plus
eſt, la mer a le milieu de l'vniuers pour
ſa ſituation, comme il eſt ayſé à conie-
cturer de ce qui a eſté dict : veu que le
milieu de la terre a eſté attribué à la
mer : Encore qu'il y ait danger que la
mer ſoit pluſtoſt, ſelon raiſon, le centre
que la terre. Mais quel diſcours pourroit
ſuffire pour declarer mediocremēt la gra-
ce & beauté que la mer apporte en ſon
aſsiette?& cóme elle meſme fait vn cercle
parfait quand on la contemple toute en-
tiere, & repreſente toute ſorte de figures
au tours & retours qu'elle fait en terre:
ſ'arrondiſſant par pluſieurs golfes;faiſant
auſsi apparoiſtre en ſon milieu de petites & grädes iſles, & produiſant des longs

bras de mer en ſes deſtroicts. Voyla ce
qui ſe dit de la mer ſuiuant ſa delineation & ſituation ſeulement, & ſelon ce
que le ſens en peut comprendre. Mais qui
pourroit aſſez dignement prouuer & có-
firmer par le diſcours de la raiſon, com-
bien la nature de l'eau eſt belle; veu qu'elle eſt cogneuë pour le Principe des autres choſes, leſquelles participent de
beauté? Car il ne ſeroit pas raiſónable que
les choſes qui ont leur eſtre poſterieur,
participaſſent à cela, dont les premieres
deſquelles elles prennent leur origine,
n'auroient aucune part. Or eſt-il que toutes les riuieres & fontaines, les palus &
les ruiſſeaux des Nymphes, & tout ce qui
coule ſoubs terre vient de la mer, comme
de ſa mere & s'y eſcoule de rechef comme en la region commune de tout ce qui
eſt humide. Ce qui n'eſt pas vn petit ny
foible argument, pour monſtrer que la
mer eſt l'vnique Principe de toutes les
eaux: Car nous tenons pour tout certain
qu'il faut prendre la premiere cauſe de
l'eſtre, d'où nous voyons que tout com-
mence à ſourdre, & où il aboutit. Ne
plus ne moins que l'on cognoiſt clairement

Recher-
che de la
premiere
cauſe.

ment que la terre est la premiere mere
de toutes les choses, lesquelles estans sor-
ties d'icelle, se dissoluent en elle mesme.
D'auantage encore que toutes les eaux
s'ecoulent en la mer, & qu'elle les reçoiue
toutes à cause de sa tresgrande capacité, Egalité en
on ne la voit neantmoins ny plus grande la mer.
ny plus petite qu'elle est: d'autant qu'elle
ne reçoit iamais riē plus de la terre, qu'elle luy en a dóné, & elle n'en rēd point aussi
d'auantage qu'elle en a receu. aussi ne s'ac-
croit elle point de ce que la terre luy iette:
à cause que rien ne luy manquoit du cō-
mancement, & n'auoit besoin d'aucune
adiection: ains estoit à la verité accóplie,
n'ayāt besoin de riē, moins que toute au- Des Me-
tre chose. En outre les pluyes, les rosees, teores.
& neges, & les nues qui les engēdrent, &
toutes telles choses, lesquelles s'assemblās
au haut de l'air premierement, desvallent
puis apres delà en terre, & puis les substā-
ces & qualitez de toutes les sortes de vēs
ont leur origine de l'eau. Que si les ger- Des plā-
mes des plātes, les surgeons, les accroisse- tes.
mēs, la produ&iō des fleurs & des fruicts,
viennent des eaux comme de leur matiere, veu que sans l'eau rien ne se pousseroit

hors de terre : puis que la mer eſt mere
de toute eau, voire de toute humidité :
il ſe voit clairement qu'il n'y a point d'au
tre cauſe pour ceſte part de tout ce qui
naiſt de la terre que la mer. Or ce ne ſont
pas ces choſes-là ſeulemēt qui recognoiſ-
ſent l'humeur & la mer pour leur mere,
ſelon ce qui a eſté dict : mais auſſi toutes
eſpeces d'animaux : comme ainſi ſoit qu'il
n'y en ait pas vne qui retiēne ce nōm d'a-

Des ani-   nimal, que ce ne ſoit par la participa-
maux.   tion de l'humide, dequoy c'eſt vn ſigne
treſeuident que ſi toſt que ſes animaux
ont perdu leur humeur radicale ils per-
dent quand & quand l'appellation d'a-
nimaux, & meſme de choſe animee. Mais
ie vous prie qui pourroit admirer & con-
ſiderer aſſez ſuffiſamment le rapport lequel eſt treſpropre à la mer pardeſſus ſes
autres particularitez, i'entends celuy de

Les poiſ- toutes les ſortes de poiſſons nageans tant
ſons.   en eau douce que ſalee ? Car quand à tous
autres animaux, outre ce qu'ils participent de l'humeur, ils ont encor quelque
part des autres premiers corps & elements : mais les poiſſons ſont purement
de la mer, y eſtans premierement engen-

drez, y prenans leur croiſſance, & y fai-
ſans leur demeure & courſe perpetuel-
le ; leſquels outre leur grand nombre,
(pour regard duquel, ſils ne ſurmontent
les animaux terreſtres, pour le moins aucun ne dira pour le ſçauoir bien aſſeure-
ment, qu'ils ſoient ſurpaſſez) ils ſont en-
cores treſvtiles au genre humain, auquel
ils ſeruent d'aliment, & apportent tout
autre proffit & commodité qui ſe peut
tirer de leur ſubſtance, & qu'il eſt aucunement impoſſible d'exprimer de paroles ; & dont la ſeule experience eſt mai-
ſtreſſe. Or la nature des eaux ny celle
de la mer n'a pas eſté produicte pour les
choſes ſuſdictes ſeulement. Car on peut
entendre que l'vn & l'autre, c'eſt tout vn   Vtilité de
lequel, n'eſt pas digne d'admiration, pour   l'eau.
ces choſes ſeulement, mais auſſi pour celles dont nous nous ſeruons pour la commodité de la vie. Et ſi ie laiſſe à dire comme l'eau reſtaure les corps des animaux,
tant pour en boire, que pour ſ'en lauer:
& comme le pain eſt peſtri auec l'eau, &
comme il n'y a preſque rien bon à manger qu'il n'y ait quelque humidité parmy:
& comme nous n'auons point d'autre ſel,

Sel.

que celuy qui se concree d'eau ; auec lé-
quel la viande est assaisonnee & quasi
animee, dont elle en rapporte de la vo-
lupté, qui donne appetit & fait enuié aux
hommes de manger. Et ie passe encore sous silence comme elle purge & net-
toye les ordures , taches , souillures &
puanteurs, par ce que ces choses la sont
notoires & euidentes. Mais quand aux
autres choses pour lesquelles cest elemēt
est necessaire, comment les pourroit-on
conter en peu de temps? Car toute la vie
de l'homme ne suffiroit pas, si on vouloit
conter par le menu toutes les commodi-
tez qui viennent aux hommes de la mer.
Si les faut-il toutefois toucher mediocre-
ment , & iuger que ce discours en sera
comme vn simple creon & vne obscure
delineation. Comme ainsi soit, qu'il y
ait plusieurs choses qui seruent à la vie
humaine : & que chasque partie de la terre ne rapporte pas tout ; veu que toutes
choses vtiles ne se recueillent pas ensemble en vn mesme endroiɛt : d'autant que
les vnes sont en Asie, les autres en Europe, les autres en Afrique, & d'autres
en vne autre climat de la terre : Si la mer

ne venoit à ioindre les terres fermes se-
parees & que les hommes par le moyen
d'icelle, ne conuinssent ensemble & ne
feissent commerce, de tous les quartiers
de la terre : le genre humain seroit bien
peu fourny des choses dont il a besoing,
& manqueroit de la plus grand part. Mais
maintenant à cause de la mer les hommes s'entredonnent les vns aux autres ce
qu'ils peuuent fournir : & de la se fait &
entretient vne admirable societé entre
iceux, auec vne abondance de tout ce
qui est requis, pour l'entretenement de
nostre vie, qui s'ameine de toutes parts
par la commodité de cest element. Car il
n'est pas raisonnable de iuger que ce soit
la mer qui diuise & separe les terres fermes les vnes des autres. En quoy ie ne me
puis aucunement accorder auec les an-
ciens qui ont esté de ceste opinion. ains
i'estime au contraire que la mer les con-
ioinct & les vnit d'vne estroicte liaison.
non seulement pour ce qu'estant placee
au milieu, elle sert de lien aux extremitez:
mais aussi parce qu'elle fait que les parties communiquent ensemble, & font es-
change, & trafic de marchãdise. Car vous

Commodité des commerces par mer.

Question de la separation des terres fermes.

verrez vn Gaulois ou François , & vn
Grec frequenter les Indes , & ceux des
Indes aussi trafiquer és Gaules , & en la
Grece , en passant la mer, d'autant qu'il
ne se peut faire autrement. Ainsi ceux
d'Afrique font leurs affaires en Europe,
à l'occasion de la mer. Et l'Asie reçoit
aussi ceux qui viennent des deux autres
parties, par la mesme conduicte & pas-
sage de la mer. & partant ne peut-on iuger autrement que le rapport d'vne des
terres fermes, ne soit le rapport & fertili-
té d'vne autre. & l'Arabie ne se vâte point
au desauantage de la terre de Scythie, ny
celle d'Ethiopie à l'enuie de la Grece, ny
vn autre contre vn autre : parce que ce
qui semble estre particulier à chacune, est
rendu commun à toutes par la mer. Et
ce que l'on trouue abondâment de mesmes estoffes par tout, faict que la terre
qui les produict particulierement, rabais-
se de son estime, & auctorité. Il vient en
outre, & pardessus ce que nous auons dit
vne infinité de gain & profit de la mer,
des finances innombrables, & affluence
de tous biés, par lesquels vne mesme per-
sonne se monstre auoir plus d'apparence

qu'elle n'auoit auparauant. Mais peut
eftre que ceux qui font plus contempla-
tifs & ont l'efprit plus haut & fubtil que
le vulgaire, ne font pas grand eftat de
cela. Adonc le plus grand profict & le
plus admiré de tous egalement, c'eft la
perception qui fe fait icy des chofes eloi-
gnées; & l'exacte inquifition des chofes,
& la fcience & l'experience, pour recueil-
lir tout par le menu, en conuerfant auec
plufieurs nations, & s'accommodans aux
meurs & façons de plufieurs, & appre-
nans toufiours quelque chofe de nou-
ueau, felon l'occurrence & hantife de
nouueaux hommes & villes & couftu-
mes & toute forte d'affaires: dont les hô-
mes deuiennent trefexperimétez & tref-
aduifez. Car ceux qui hantent fur mer,
font tenus pour tels. & encore voit en
vn grand nombre d'entre eux qui font
patiens, forts & hardis: d'autant qu'il n'y
a rien qui enfeigne tant à fouftenir les
dangers, que fait la mer; & qui perfuade
mieux de fouftenir courageufement les
accidens qui furuiennent. Car la mer a
affez dequoy efpouuanter fon homme,
voire qui la regarderoit de bien loing, par

l'horreur & terreur de ſes fremiſſements.
de ſorte que d'oſer marcher pardeſſus, &
ſe bander contre ſes flots, tempeſtes &
orages, en endurant tous les change-
mens de l'air & des eaux, cela ſurmonte
toute raiſon de force & de patience. Et
cela ſoit dit pour donner à cognoiſtre;
des petites choſes, la grandeur & excellē-
ce de ceſt Element. Car nous auons laiſ-
ſé à dire ce qu'il y a de plus grãd & parfait
en iceluy, ſçachant bien la peine & difficulté que nous aurions d'entreprendre
de plus hauts diſcours d'vne eſſence ſi excellente. Car l'eau eſt eſtimee eſtre l'o-
rigine de la nature humide, & auoir la
force de contenir ces autres voiſins qu'on
appelle elemens. par ce qu'elle leur ſert à
tous pour les conſeruer en leur eſtre. Car
elle donne l'humidité à l'air : & ce n'eſt
pas d'ailleurs que de la communicatiõ de
l'eau, que l'air eſt humide : quant au feu,
l'humeur luy donne nourriture ; & tan-
dis qu'elle demeure, il demeure auſſi ; &
ſe conſume auſſi, ſelon que l'humidité
ſe conſume : & ſi elle defaut du tout, il
ſ'eſteint. dõt quelques vns ont voulu que
les aſtres priſſent leur aliment de l'eau.
                                    C'eſt

C'est pourquoy la constitution du feu *Du feu.*
& des estoilles semble aucunement te-
nir de l'eau : car on croit que chasque
chose a sa demeure naturelle, là où elle
prent sa nourriture. Il y a aussi vne des *De la ter-*
qualitez de la terre qui prouient ma- *re.*
nifestement de l'eau : car ce qu'elle est
froide, ne vient que de l'eau. Que si
vous ostiez toute humidité d'icelle, vous
la verriez foible, & sans aucune subsi-
stence, ne pouuant rien contenir, & ce-
dant tousiours à toutes charges & far-
deaux. Ce qui se peut considerer en pre-
nant garde à l'arene & au sable, qui est
bien terre, mais despouillee de toute
humidité, qui a la force de la lier & af-
sembler en vn. Et certes ie ne pense pas
que ceux qui ont dit, qu'il n'y auoit qu'vn
seul Principe de toutes choses, c'est à
sçauoir, l'eau, ayent esté émeus à dire
cela pour autre occasion que celle-la,
n'ayant pas pris à la volee ceste opinion
de l'eau. C'est pourquoy il n'y a rien à
quoy l'on peust comparer cest element,
si on ne vouloit confronter les grandes
choses aux petites, & les premieres à
celles qui les suiuent. Car l'eau passe

C

tellement les autres elements (lesquels
toutefois ils difent eftre les premieres ef-
fences) qu'elle leur faict part de fes biens;
n'ayant quant à foy que faire d'eux aucunement : D'autât qu'elle donne la froi-
deur à la terre (à fin que ie les reprenne
encore l'vn apres l'autre) & n'emprunte
rien d'elle. Elle donne de l'humeur à l'air,
& n'a befoin aucun de ce que l'air a. Elle fournit auffi en partie d'aliment au feu.
Et lors qu'il faut qu'ils viennent comme
au combat eux deux enfemble, il eft du
tout neceffaire au feu ou de ceder à la force de l'eau, & luy quitter la place, ou f'il
veut effayer la puiffance d'icelle, d'eftre
du tout efteinct, & reduit à neant. Voyla donc qu'elle eft la mer, & comme elle
emporte le deffus partout auec vn grand
emolument. Mais quant à moy, tant f'en
faut que l'aye la force de parler de ceft
element, cóme il merite: que ie ne le puis
admirer comme il appartient. Partant eft
il expediant que ceux qui ont mefuré la
grandeur de ce fubject, efpoufent le filen-
ce au lieu du difcours: de peur que la baf-
feffe des paroles ne diminuë de la hauteur de ce miracle.

Combat du feu & de l'eau.

Fin de ce Difcours.

ΔΙΚΑΙΩΣ

www.ingramcontent.com/pod-product-compliance
Lightning Source LLC
Chambersburg PA
CBHW060522200326
41520CB00017B/5114